超高人气墙设计！

Super Popular Wall Design

Porch
Design Wall

玄关造型墙

孔祥云 郭华良 编

最爱的墙面设计 最美的家

U0302429

华中科技大学出版社
http://www.hustp.com
中国·武汉

图书在版编目(CIP)数据

超高人气墙设计. 玄关造型墙 / 孔祥云，郭华良编. −武汉 ：华中科技大学出版社，2015.4
ISBN 978−7−5680−0651−4

Ⅰ．①超… Ⅱ．①孔… ②郭… Ⅲ．①客厅−装饰墙−室内装饰设计−图集 Ⅳ．①TU241−64

中国版本图书馆CIP数据核字(2015)第039039号

超高人气墙设计 玄关造型墙　　　　　　　　　　　　　　　　　　　　　　孔祥云 郭华良 编

出版发行：华中科技大学出版社（中国·武汉）
地　　址：武汉市武昌珞喻路1037号（邮编：430074）
出 版 人：阮海洪

责任编辑：杨　淼　　　　　　　　　　　　　　　　　　　　　责任监印：秦　英
责任校对：赵维国　　　　　　　　　　　　　　　　　　　　　美术编辑：王亚平

印　　刷：天津市光明印务有限公司
开　　本：965 mm×1270 mm　1/16
印　　张：5
字　　数：40千字
版　　次：2015年4月第1版第1次印刷
定　　价：29.80元

投稿热线：(010)64155588−8000 hzjztg@163.com
本书若有印装质量问题，请向出版社营销中心调换
全国免费服务热线：400−6679−118 竭诚为您服务

Contents
目录

为什么要设置"玄关" /01

玄关可以保持居室的私密性……

怎样设计"实用"的玄关 /05

总体来说，玄关的面积都不是很大……

玄关的装修风格应怎样设计 /11

玄关是进入大门后到室内或客厅的过渡空间……

小户型的玄关设计应注意什么 /15

小户型的玄关设计更应侧重其在实用性方面的表现……

小户型中的玄关设计尽量少用硬质隔墙 /21

小户型玄关装修时应谨慎运用硬质隔墙……

大空间的玄关设计应注意什么 /25

大空间玄关在设计上更强调审美的感受……

玄关的照明如何设计 /31

一般来说，暖色和冷色的灯光都可在玄关内使用……

玄关的墙面应注意什么 /35

玄关面积不大，其墙面进门便可见……

玄关的隔墙为什么要下实上虚/41

在现代家居布置中，由于玄关的面积较小……

玄关的隔墙宜使用什么颜色/45

玄关的隔墙是为了保证玄关的通风和采光而专门设置的……

玄关墙面的装修有哪些技巧（1）/51

如果门厅对面的墙壁距离门很近……

玄关墙面的装修有哪些技巧（2）/55

墙面面积较大，可以利用装修手段做点分隔……

玄关隔墙设计应该注意什么/61

隔墙是玄关装修中不可小觑的环节……

玄关隔墙常用材料有哪些/65

可用于隔墙的材料很多……

选用隔墙材料应注意什么/71

一、使用玻璃隔墙应充分考虑安全因素……

怎样判断成品隔墙的质量/75

成品隔断（墙）的质量用一个简单的测试方法即可判断……

为什么要设置"玄关"

玄关可以保持居室的私密性，可以避免客人一进门就对整个居室有全盘的"了解"。通常在进门处用木质或玻璃做隔墙，以便在视觉上起到遮挡作用。

玄关起着"画龙点睛"的装饰效果。当客人从繁杂的外界进入这个家庭的时候，进门第一眼看到的就是玄关，如果将玄关设计得非常有特色，往往能提升客人对居室的良好印象。

玄关具有很强的实用功能。可以将鞋柜、衣帽架、大衣镜等设置在玄关内，方便客人脱衣、换鞋、挂帽。鞋柜可以隐蔽起来，而衣帽架和大衣镜的造型美观大方，不但与玄关的整体风格相协调，而且还与整套住宅的装饰风格协调，能够起到"承前启后"的作用。

米黄大理石　　　壁纸

陶瓷锦砖拼花　　　壁纸

白色釉面墙砖

陶瓷锦砖拼花　　　有色乳胶漆

木质花格

茶色烤漆玻璃　　　木纹大理石

车边茶镜

米黄色大理石

装饰壁画

布艺软包

木质踢脚线

有色乳胶漆

陶瓷锦砖　　　　　　　　　　　木质踢脚线

米黄色抛光墙砖　　　　　　　大理石踢脚线

有色乳胶漆

壁纸

木质踢脚线 仿木纹壁纸

壁纸

车边银镜

白色乳胶漆

仿皮纹壁纸 大理石装饰线

怎样设计"实用"的玄关

　　总体来说，玄关的面积都不是很大，装修所需费用也不会很高。但玄关在整体装修中却占有很重要的地位，如果设计处理不当，非但无法营造出清新、舒适的玄关，还会影响居室的整体装修效果。通常情况下，设计玄关应注意下列问题：

　　一、玄关的设计风格应与客厅、餐厅等公共空间的设计风格相一致。

　　二、保持合理的动线，避免繁杂的设计影响玄关正常功能的使用。

　　三、玄关设计应先注重功能性，然后才注重装饰性。

　　四、不需要玄关的地方，千万不要强行设置玄关。

大理石踢脚线

有色乳胶漆

白枫木饰面板

木质搁板

木质格栅　　　　磨砂玻璃

雕花灰镜　　　　大理石踢脚线

有色乳胶漆

白枫木装饰线

装饰壁布　　　　　红樱桃木百叶

壁纸　　　　　木质踢脚线

木质花格　　　米黄色网纹大理石

有色乳胶漆

彩绘玻璃

米色大理石　　　大理石装饰线

胡桃木饰面板　　　壁纸

壁纸

雕花茶镜

装饰壁画

木质踢脚线　　　　　　　　　　　有色乳胶漆

木质踢脚线　　　　　　　　　　　成品铁艺

有色乳胶漆

壁纸

装饰灰镜

白色乳胶漆

石膏顶角线　　　　　　　　　　　壁纸

车边银镜　　　　　　　　　　　石膏装饰立柱

陶瓷锦砖

银镜装饰条　　爵士白大理石

大理石踢脚线　　　陶瓷锦砖拼花　　　米色大理石

木质踢脚线　　　有色乳胶漆

壁纸

白枫木百叶

冰裂纹玻璃　　　壁纸

玄关的装修风格应怎样设计

　　玄关是进入大门后到室内或客厅的过渡空间，一般是一条狭长的独立通道，对玄关处进行装修，应充分考虑玄关的结构及室内整体的装修风格。一般说来，玄关采用简洁、大方的风格，这是因为玄关面积不大，不宜采用过多的装饰，否则就会显得拥挤。另外，鉴于玄关本来就包含在厅堂之中，装修风格应该与厅堂统一，并做适当的增色。这样可保证室内整体风格的协调和统一。

白色乳胶漆

有色乳胶漆

成品铁艺

装饰壁画

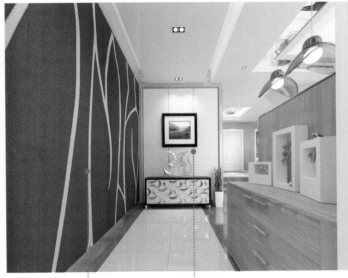

壁纸　　　　石膏板拓缝

白枫木格栅　　　　　　　　壁纸　　　　　　　　　　白枫木装饰线

文化砖　　　　　　　　　仿木纹壁纸　　　　　　红樱桃木饰面板

壁纸　　　　　　　　　　　　　　　　　　　　有色乳胶漆

壁纸　　　　　　　　　　　　　有色乳胶漆

木质踢脚线　　　　　　　　　　黑色烤漆玻璃

黑色烤漆玻璃

红樱桃木装饰线

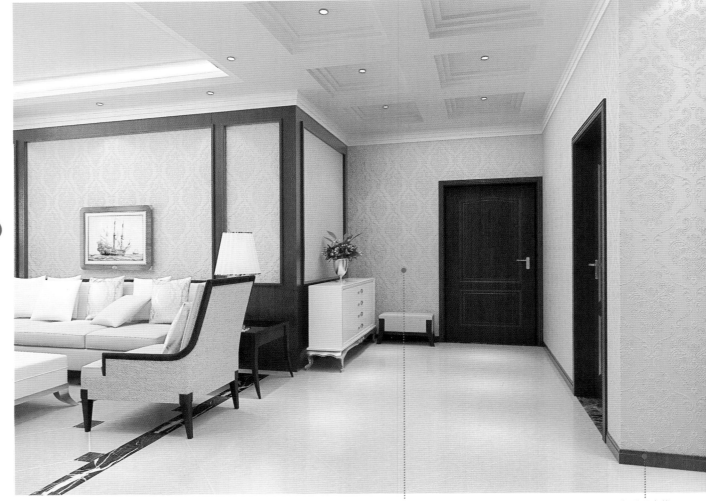

壁纸　　　　　　　　　　　　　　　　木质踢脚线

白枫木装饰立柱　　　　　　　壁纸

壁纸

米黄色墙砖　　　红樱桃木百叶　　　　白枫木格栅

白枫木窗棂造型

小户型的玄关设计应注意什么

　　小户型的玄关设计更应侧重其在实用性方面的表现，要把实用性与装饰性巧妙地结合起来，以适应小户型对空间的需求。小户型的玄关多以虚实结合的手法来达到空间利用和空间审美的相互协调。为使玄关的设计充满活力，一般在装修风格上力求简洁，通常以通透性好的材料或具灵活性的饰品点缀空间，还可以设计个性独特的吊顶来增加玄关的活力。以下是两种装修建议：

　　低柜隔断式：即以低形矮柜做空间的界定。用低柜式家具做空间隔断，这样的形式不仅满足了空间功能的区分，而且还兼具物品收纳的功能。

　　半柜半架式：柜架的上部多以通透格架做装饰，下部则为封闭的柜体，可以是鞋柜或储物柜。有的则设计成中部通透而左右对称的柜件，或用镜面、挑空等手段来造型。如果想突出玄关的展示功能，也可以选用博古架等造型丰富的柜子。

壁纸　　　　　　　深啡网纹大理石波打线

爵士白大理石　　　　　　　有色乳胶漆

车边银镜　　　　装饰壁布

装饰壁布　　　　实木装饰线

白枫木格栅

木质踢脚线　　　　　深茶色烤漆玻璃

壁纸

木质装饰线　　　　　密度板拓缝

壁纸

木质踢脚线

磨砂玻璃

木质花格

成品铁艺

皮革软包　　　　黑色烤漆玻璃

车边银镜

木质踢脚线

有色乳胶漆

米白洞石

仿砂岩墙砖

有色乳胶漆　　　　　水曲柳饰面板

密度板拓缝

壁纸

大理石装饰线　　　　艺术墙砖

木纹大理石

雕花银镜

红樱桃木饰面板

木质花格

壁纸　　　　木质窗棂造型

壁纸

木质踢脚线

车边银镜

镜面锦砖拼花

有色乳胶漆

大理石踢脚线

小户型中的玄关设计尽量少用硬质隔墙

小户型玄关装修时应谨慎运用硬质隔墙，如无必要，尽量少做硬性隔墙，如需要做可以考虑用玻璃隔墙。如透明玻璃、磨砂玻璃、雕花玻璃等，因其对光线与视线无阻，又能突出空间的完整性，因此在现代装修中逐渐受到年轻人的青睐。一般情况下，卫生间与厨房运用玻璃隔墙的情况较多。这种装修方法使空间不再狭隘，各个房间不再有严格的界线。

砂岩　　　　　　　水曲柳饰面板

白枫木百叶

装饰灰镜　　　　　　木质花格

白枫木饰面板

红樱桃木饰面板

仿木纹壁纸　　　　　　木质踢脚线　　　　　　　　　　密度板装饰硬包　　　　仿木纹壁纸

镜面锦砖　　　　　皮纹砖　　　　　　　　　　　　成品铁艺

直纹斑马木饰面板　　　　木质花格　　　　　　　白枫木窗棂造型贴银镜

白枫木饰面板　　　　　　　　　　　有色乳胶漆

白枫木饰面板　　　　　　　　　　　雕花磨砂玻璃

陶瓷锦砖拼花

红樱桃木装饰线

白枫木饰面板

木质花格

有色乳胶漆

木质花格

大理石踢脚线　　　　壁纸

大空间的玄关设计应注意什么

大空间玄关在设计上更强调审美的感受，因而应有独立的主题，但也要兼顾整体的装修风格。玻璃、纱幔、鱼缸等材料是常见的用于空间分隔的手段，因其具有通透性，在空间划分上更能灵活控制视线，再加上重点照明、间接照明及家具摆设的相互配合，便能营造出丰富的层次感和深遂的意境。以下是两种装修建议：

格栅围屏式：用典型的中式镂空雕花木屏风、锦绣屏风或带各种花格图案的镂空木格栅屏风做隔断，或是用现代感极强的设计屏风做空间隔断。在隔与不隔之间，通透性强的透雕屏风延伸了视线感。

玻璃通透式：随着玻璃工艺技术的发展，各种式样、纹理、质感的玻璃为家居装饰提供了更广阔的空间。可以利用大屏仿水纹玻璃、夹板贴面旁嵌饰艺术玻璃、面刻甲骨文、闪金粉磨砂玻璃或拼花玻璃等材料的隔断，这些精巧、薄透的玻璃使空间富于变化，又不失艺术意味。

木质搁板

白枫木饰面板拓缝　　　　　文化石

红樱桃木饰面板

壁纸

木质踢脚线　　　　　车边银镜

壁纸

有色乳胶漆

大理石饰面垭口

不锈钢条

木质踢脚线　　　　　　有色乳胶漆

布艺软包　　　　　　米色大理石

手绘墙　　　　　　　　　　白枫木百叶

雕花灰镜　　　　木质花格

皮革软包

壁纸

木质踢脚线　　　　　　　　　胡桃木装饰线密排

木质踢脚线　　　　　　　　　壁纸

装饰壁画　　　　　　　　　　米黄色大理石

泰柚木百叶 　　　　　　　　　壁纸

大理石踢脚线 　　　　　　　　实木装饰线描银

白枫木装饰线

大理石踢脚线 　　　　　　　　壁纸

泰柚木饰面板垭口

壁纸

壁纸

白枫木饰面板

银镜装饰条

雕花银镜

白枫木饰面板

胡桃木窗棂造型

玄关的照明如何设计

　　一般来说，暖色和冷色的灯光都可在玄关内使用。暖色制造温情，冷色会显得更加清爽。在玄关内可应用的灯具很多，主要有荧光灯、吸顶灯、射灯、壁灯等。嵌壁型朝天灯与巢形壁灯能够使灯光上扬，增加玄关的层次感；在稍大的空白墙壁上安装独特的壁灯，既有装饰作用又可照明；很多小型地灯可以使光线向上方散射，在不刺眼的情况下可以增加整个门厅的亮度，还能避免低矮处形成死角。现在比较流行用吸顶荧光灯或造型别致的壁灯，以保证门厅内有较高的亮度，也使环境空间显得高雅一些。总之，玄关如果没有自然采光，就应有足够的灯光照明，但应以简洁的模拟日光的灯光为宜，而偏暖色的灯光能够产生家的温馨感。

雕花银镜　　　　木质窗棂造型

白枫木饰面板　　　　壁纸

壁纸

有色乳胶漆　　　　木质踢脚线

胡桃木装饰线密排

胡桃木装饰线　　壁纸

艺术墙贴

黑镜装饰条

黑色烤漆玻璃

壁纸

红樱桃木饰面板

有色乳胶漆

车边银镜

陶瓷锦砖

壁纸

木质花格

白色乳胶漆

陶瓷锦砖

白枫木饰面板

白枫木窗棂造型

壁纸

雕花烤漆玻璃

黑胡桃木饰面板

玄关的墙面应注意什么

玄关面积不大，其墙面进门便可见，与人的视觉距离比较近，一般都作为背景来打造。墙壁的颜色要注意与玄关的颜色相协调，玄关的墙壁间隔无论是木板、墙砖或石材，在颜色设计上一般都遵循上浅下深的原则。玄关的墙壁颜色也要跟间隔相搭配，不能在浅的地方采用深的颜色，在深的地方用浅颜色，而要在色调上相一致，并且也要与间隔的颜色一样，有一定的过渡。对主题墙可进行特殊的装饰，比如悬挂画作或绘制水彩，或做成摆件台，或用木纹装饰等，无论怎样装饰，都要符合简洁的原则，墙壁也不宜采用凹凸不平的材料，而要保持墙面的光整平滑。

石膏浮雕

木质踢脚线　　　　　装饰壁布

镜面锦砖

木质踢脚线　　　　　仿木纹壁纸

壁纸

白枫木百叶

砂岩浮雕

有色乳胶漆

木质踢脚线

白色乳胶漆

雕花银镜

壁纸

青砖

红樱桃木窗棂造型

壁纸

白枫木饰面板

白色乳胶漆　　　　　　　　　　　　　　　红樱桃木装饰线

壁纸　　　　白枫木百叶

手绘墙　　　　　　水晶装饰珠帘

泰柚木饰面板

爵士白大理石

木质花格

雕花银镜

大理石饰面立柱

米黄色抛光墙砖

壁纸

镜面锦砖　　　　　　　　壁纸　　　　　　　　　木质踢脚线

白枫木装饰线　　　　壁纸　　　　　　　　　　　有色乳胶漆

木质花格　　　　　　　壁纸　　　　　　玻璃锦砖拼花　　　　　壁纸

玄关造型墙 · 39

陶瓷锦砖

木质花格

泰柚木饰面板

米色釉面墙砖

壁纸

大理石踢脚线

黑胡桃木窗棂造型

玄关的隔墙为什么要下实上虚

在现代家居布置中,由于玄关的面积较小,为了通风和采光,一般都在玄关的上部设置隔墙,采用镂空的木架或者磨砂玻璃。玄关的隔墙设置注意一定要上虚下实,下半部要扎实稳重,一般就直接是墙壁或者做成矮柜;上半部则宜通透但不要漏风,采用磨砂玻璃最好。这种上虚下实的布局,有利于玄关在住宅功能区上的作用,便于采光,同时也能看到室内的一点景象,不至于进门之后感到局促,使其更符合人的心理需要。

大理石踢脚线　　　　　　　　　米黄大理石

壁纸

白枫木饰面板

木质踢脚线　　　　　　　水曲柳饰面板

有色乳胶漆

钢化磨砂玻璃

有色乳胶漆

有色乳胶漆　　　茶色镜面玻璃

文化石

壁纸

黑色烤漆玻璃

泰柚木饰面板　　　陶瓷锦砖拼花

米色大理石

有色乳胶漆　　　　白色釉面墙砖

黑色烤漆玻璃　　　　艺术墙贴

米色网纹大理石

木质装饰线

茶色烤漆玻璃   有色乳胶漆

有色乳胶漆

装饰灰镜

雕花银镜   镜面锦砖

白枫木饰面板

玄关的隔墙宜使用什么颜色

　　玄关的隔墙是为了保证玄关的通风和采光而专门设置的。在装饰玄关隔墙的时候，要考虑隔墙的颜色，在颜色上宜采用较为明快的颜色，不宜采用死气沉沉的深色。因此，构成玄关隔墙的木板、砖墙或石板在颜色上都不宜太深，但由于玄关的吊顶颜色较浅，而玄关的地板又要求颜色较深，如果隔墙从头到尾都是一片浅色的话，会使整体的装修效果显得比较突兀。因此可采用下列的方式设计玄关隔墙的颜色，即靠近吊顶的上半部分，一般都为木架或磨砂玻璃，采用比较浅的颜色，而靠近地板的下半部分，一般为墙面或鞋柜，可以采用比上半部分稍微深一点的颜色，这样上、下部分过渡自然，衔接紧密，是比较好的颜色设计。

木质踢脚线　　　　壁纸

装饰银镜　　　　艺术墙贴

白枫木百叶

车边灰镜

有色乳胶漆

装饰灰镜　　　　有色乳胶漆

陶瓷锦砖　　　　白枫木饰面板　　　　磨砂玻璃

水曲柳饰面板　　　　皮革软包　　　茶色镜面玻璃

壁纸　　　　白枫木百叶　　　雕花银镜

木质花格

装饰灰镜

大理石踢脚线

壁纸

装饰银镜

实木雕花描金

大理石踢脚线

木质装饰横梁

胡桃木饰面板

有色乳胶漆

木质踢脚线

壁纸

木纹大理石

车边银镜

装饰银镜

陶瓷锦砖

胡桃木饰面板

有色乳胶漆　　　　　木质花格

雕花银镜　　　　　壁纸

有色乳胶漆　　　　木质踢脚线

黑色烤漆玻璃

有色乳胶漆

白色乳胶漆

雕花银镜

有色乳胶漆

有色乳胶漆

镜面锦砖

装饰壁布

米色大理石

玄关墙面的装修有哪些技巧（1）

如果门厅对面的墙壁距离门很近，通常被作为一个景观展示。很多墙壁会被作为主墙面加以重点装饰，比如用壁饰、彩色漆或者各种装饰手段，强调空间的丰富感。

如果门厅两边的墙壁距离门也较近，通常都作为鞋柜、镜子等实用功能区域。

如果在门厅选择壁纸，可以为墙壁添点小图案和更多的颜色，但要注意这里的墙壁被人触摸的次数会较多，壁纸最好具备耐磨或耐清洗性。

白色乳胶漆　　　　　　　　木质装饰线

黑色烤漆玻璃

米色洞石　　　　　　　　陶瓷锦砖拼花

木质踢脚线　　　　　　玻璃锦砖

红樱桃木装饰线　　　　　木质踢脚线

装饰壁布

木质搁板

米色亚光墙砖

装饰壁布　　　　大理石装饰线

有色乳胶漆

白色釉面墙砖

有色乳胶漆

大理石踢脚线

大理石装饰线　　　　　　　　壁纸

黑色烤漆玻璃　　　　　　　　陶瓷锦砖

木质花格

茶色烤漆玻璃

成品铁艺

白枫木窗棂造型

壁纸

黑色烤漆玻璃　　　　装饰银镜

木质花格　　　　　　木质踢脚线

玄关墙面的装修有哪些技巧（2）

墙面面积较大，可以利用装修手段做点分隔，然后上下采用不同的壁纸或漆上不同的色调，以增加趣味性。

墙面最好采用中性偏暖的色调，能给人一种柔和、舒适之感，让人很快忘掉外界环境的纷乱，体味到家的温馨。

此外还应注意的是，主体墙面重在点缀，切忌重复堆砌，色彩不宜过多。在较小空间的门厅，可在墙面装上大幅镜子，反射使小空间产生互为贯通的宽敞感。

米黄网纹大理石　　　　　　车边黑镜

白色乳胶漆

车边茶镜　　　　　　木质花格吊顶

深啡网纹大理石

米黄网纹大理石　　　　　　胡桃木装饰线

茶色镜面玻璃

雕花钢化玻璃

白枫木雕花

壁纸

雕花银镜

石膏装饰立柱

大理石饰面垭口　　　　镜面锦砖

米色抛光墙砖

有色乳胶漆　　　　　　　　　　　　　　　木质踢脚线

木质搁板

装饰银镜　　　　　　　壁纸

装饰银镜

亚光墙砖

中花白大理石

木质踢脚线　　　　　　　　　　　　　　有色乳胶漆

壁纸　　　　白枫木装饰线

成品铁艺

成品铁艺　　　　　　木质踢脚线

文化石　　　　　　白色乳胶漆

壁纸

木质搁板

有色乳胶漆　　　　　　壁纸

木质花格　　　　　　　　　　　　　　　有色乳胶漆

陶瓷锦砖

木质搁板

玄关隔墙设计应该注意什么

　　隔墙是玄关装修中不可小觑的环节，一个好的隔墙设计可以使装修锦上添花。在装修中，利用隔墙是界定空间，同时又不完全割裂空间的一种手段，如客厅和餐厅之间的博古架等，使用隔墙能区分不同用途的空间，并实现空间之间的相互搭配。隔墙非常普遍，只要设计得当，就可以将技术与艺术巧妙地结合起来。家居的装修设计应该注重空间的塑造，设计隔墙应注意以下三个方面的问题：

　　一、精心挑选和加工材料，从而实现美妙颜色的搭配和良好形象的塑造。隔墙不是一种功能性构件，所以放在首位的是材料的装饰效果。

　　二、颜色的搭配。隔墙是整个居室的一部分，颜色应该与居室的基础部分协调一致。

　　三、形象的塑造。隔墙不是承重墙，所以造型的自由度很大，设计应注意高矮、长短和虚实等的变化、统一。

　　掌握了以上的基本原则，我们就可以根据自己的爱好来设计居室中的隔墙。一般来说，居室的整体风格确定后，隔墙也应相应地采用这种风格。然而，有时采用相异的风格，也能取得不俗的效果。

茶色烤漆玻璃　　　　　　　　白色乳胶漆

陶瓷锦砖

装饰银镜

成品铁艺隔断　　　　　　　　雕花茶镜

壁纸　　　　　　　密度板混油

黑色烤漆玻璃

壁纸

红樱桃木饰面板

仿木纹壁纸

有色乳胶漆

木质花格

黑金花大理石

车边银镜

雕花银镜

有色乳胶漆

水曲柳饰面板

木质装饰横梁

木质装饰线

装饰壁画

木质花格

白枫木百叶　　　陶瓷锦砖踢脚线

桦木饰面板

壁纸

彩绘玻璃　　　　木质踢脚线

玄关隔墙常用材料有哪些

　　可用于隔墙的材料很多，石膏板、木材、玻璃、玻璃砖、铝塑板、铁艺、钢板、石材等都是经常使用的材料。由于隔墙的功能与装饰的需要，通常并不是只用一种材料，而常常是将两种或多种材料结合起来使用，以达到理想的效果。

　　石膏板由于重量轻，容易加工，而且价格低廉则成为制作隔墙最常用的材料。

　　木材结实耐用、外观较好，而且极易与其他材料配合，所以用木材和玻璃、石材、铁艺等材料搭配在一起制作隔墙极为普遍。

　　玻璃品种繁多，有普通玻璃、磨砂玻璃、彩绘玻璃、夹层玻璃、镶金玻璃等，都具有良好的通透性与装饰性，且价格适中，在隔墙中的运用也很普遍。玻璃砖是做隔墙的理想材料，但由于它价格昂贵，实际运用相对较少。

　　铝塑板有金属的感觉，受到现代年轻人的青睐，现在用做隔墙的也不少。

　　铁艺隔墙前两年较风行，但它不易清洗，式样、颜色都较受局限，因而现在喜欢铁艺隔墙的不多。

灰白网纹人造大理石

有色乳胶漆

白枫木百叶

装饰灰镜

有色乳胶漆

白枫木饰面板

茶色镜面玻璃

装饰银镜

木质踢脚线

黑白根大理石

雕花银镜

银镜装饰条　　胡桃木装饰线

白枫木饰面板　　陶瓷锦砖

有色乳胶漆　　　　　　　直纹斑马木饰面板

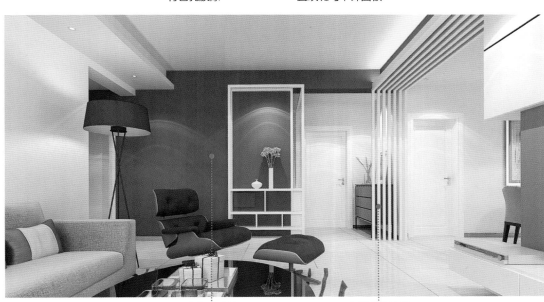

有色乳胶漆　　　　　　　白枫木装饰线

壁纸

米色大理石

有色乳胶漆

装饰银镜

白枫木百叶　　　　　装饰银镜

有色乳胶漆　　　　　白枫木格栅

皮革软包　　　　　　　茶色烤漆玻璃

壁纸　　　　　　　　大理石踢脚线

泰柚木饰面垭口　　　木质花格

红樱桃木装饰线

有色乳胶漆　　　　　木质踢脚线

成品铁艺　　　　　　有色乳胶漆

木质花格

白枫木窗棂造型

壁纸

实木装饰立柱

选用隔墙材料应注意什么

一、使用玻璃隔墙应充分考虑安全因素，需要使用钢化夹层玻璃。由于夹层PVB中间膜具有高黏结性，即使遇到猛烈撞击，其碎片也不会散落使人受伤。在小面积的房间，如卫生间的淋浴房或隔墙等空间，不易产生大的冲撞，则可以选择强度较高的钢化玻璃。

二、石膏板质轻阻燃，无论从实用性和装饰性以及绿色环保方面看，都是隔墙材料的理想选择。在一定的空间中分隔出一间独立的小书房、工作间、小卧室等，石膏板的隔墙最能胜任。

三、塑钢隔墙密封性好，并具有一定的防水性能，整体装饰效果好，但它不宜和室内其他材料进行搭配。是作为阳台和客厅隔墙的首选材料。

四、木隔墙是最常使用的一种，在家庭装饰中所占比重较大，因为它可以和家中的木质家具融为一体，达到装饰与实用并重的效果。但是由于目前胶合板质量参差不齐，所以在选用木质隔墙时应谨慎，最好使用质量可靠、检测合格的知名品牌。

雕花银镜

木质搁板

黑色烤漆玻璃

皮革软包

车边银镜

有色乳胶漆

木质花格

白枫木百叶

装饰壁布

装饰壁布

艺术玻璃

装饰壁画　　　　　　　石膏装饰浮雕

白枫木百叶

装饰银镜　　　　　　　　　　　　　　　装饰壁布

艺术墙砖

木质搁板

陶瓷锦砖

红樱桃木饰面板

陶瓷锦砖

白枫木百叶   木质踢脚线

雕花银镜

陶瓷锦砖拼花

砂岩浮雕

壁纸

怎样判断成品隔墙的质量

　　成品隔断（墙）的质量用一个简单的测试方法即可判断，用手指敲击隔断墙墙体或用力撞击门框，发出的声音应该非常干净，极少有杂音。如杂音越多说明系统内部存在的尺寸误差点越大，质量就越不好。质量好的成品，这种误差点就很少，也很少有杂音。因为隔断（墙）内部的尺寸误差点会严重影响其稳定性和隔音性。杂质、灰尘、小昆虫、霉菌等很容易在其中藏身，长远来讲会严重影响产品的内部环境，并对人体健康造成影响。同时，这种变化往往会越来越严重，而且是不可逆转的。如果选购这种成品隔断（墙）的话，其功能甚至还不如有些手工制作的装修产品。这种误差点往往较多地发生在内部竖向主龙骨是铝合金的隔断系统中，或竖向主龙骨在固定螺丝收紧时不产生或较少产生预应力的钢龙骨的隔断（墙）系统中。因此在选购前，确定是否是优质的成品隔断（墙）是非常重要的，它将直接关系到人的安全。

木质花格

雕花烤漆玻璃

有色乳胶漆

皮革软包

木质踢脚线　　　　　　　　　　　　　　　　木质花格

陶瓷锦砖

镜面锦砖拼花

在本书编写过程中，以下人员提供了大量的帮助，在此一并表示感谢：

廖四清　何义玲　何志荣　刘　颖　刘　琳　刘秋实　刘　燕　吕冬英

吕荣娇　吕　源　史樊兵　史樊英　郇春园　张　淼　张海龙　张金平

张　明　张莹莹　王凤波　高　巍　葛晓迎　郭菁菁　郭　胜　姚娇平